Regiane Alves

UMA ILHA FORA DO MAPA

CB062751

DISRUP
TALKS

SUMÁRIO

Enfim, férias!	4
Gê ou Jota?	6
Zero vezes Zero	8
Cadê o protetor solar?	9
Como as praias eram limpas	11
Buraco para o Japão	13
Banho de espuma	15
A Ilha esquisita	17
Sua Excelência, o Polvo	22
Emporcalhadores	24
Silêncio!	27
Peixinho de borracha	29
À espera de um milagre	31
Viva aos piratas	32
De volta à praia	34
SOS	36
A Escola do Futuro	38
Apêndice	42

*Para meus filhos
João e **Antonio**.*

*Seres de luz que me inspiram
a cuidar do nosso planeta de uma
forma consciente e amável.
Que todos os seres, em todas
as partes, sejam felizes e livres.
Amo vocês do tamanho
do universo.*

***Regiane Alves**
(ou mamãe)*

ENFIM, FÉRIAS!

A classe estava em polvorosa, na última aula do semestre. Huhuuu!!!

A professora, com um sorriso nos lábios, sabia que era impraticável (e desnecessário!) manter a ordem habitual.

— Crianças! Não se esqueçam de que no início do próximo semestre teremos a nossa Feira de Artes e Ciências. Por isso, reservem alguns dias das férias para desenvolverem seus projetos. Lembrem-se que vocês podem se reunir para este trabalho com alunos de outras classes e até mesmo de outros anos.

O coração de João batia apertado por detrás do blusão laranja do colégio, marcando os segundos que faltavam para o sinal ribombar.

— Huhuuu!!!

Finalmente! O menino ajeitou a mochila nas costas e seguiu seus companheiros para a saída. Antonio já o esperava no final do corredor, igualmente ansioso.

— Vamos?

Os irmãos estudavam no mesmo colégio. João, 7 anos, estava uma série na frente do caçula.

O transporte escolar levava uma dúzia de pequenos, percorrendo o trajeto de rotina.

— Tio, não dá pra ir mais depressa? Acabei de ver uma tartaruga passando por nós!

— Que tal se eu voasse? — O motorista abriu um sorriso maroto, acostumado com as piadas dos passageiros miúdos.

— Dá para fazer isso? — brincou uma menina ruiva de olhos claros.

Antonio olhava pela janela do veículo as nuvens que se reuniam no céu como um rebanho de carneirinhos. Será que vem chuva? — pensou, enquanto engolia as pipocas que comprara em frente à escola.

De repente, o sol mostrou a metade da face, piscando um olho para ele: "Não se preocupe, amiguinho, prometo brilhar durante o mês inteiro! Boas férias!".

gê ou jota?

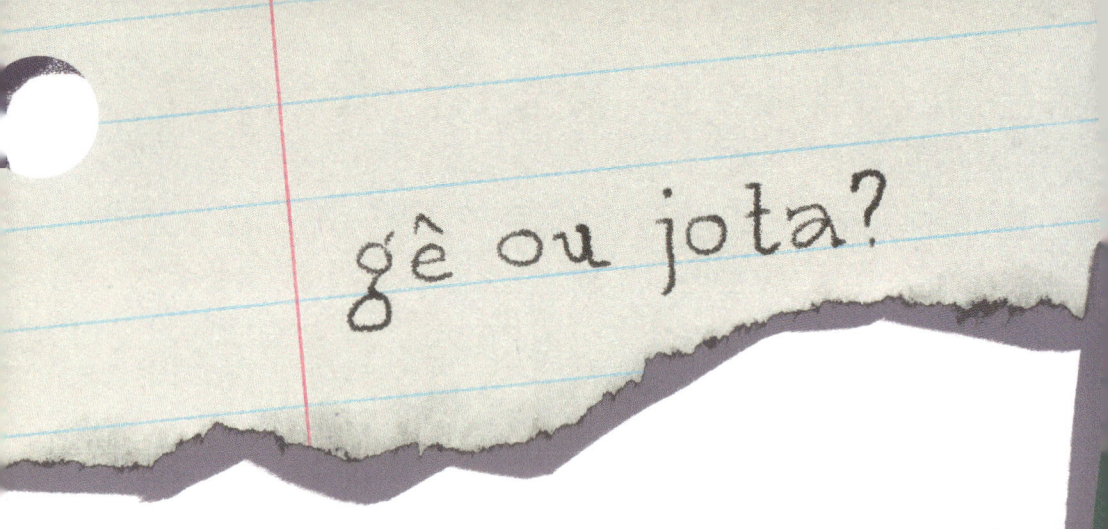

As mochilas foram arremessadas sem modos no sofá.

— Lar, doce lar!

Antonio se refestelou nas almofadas, enquanto João dirigia-se à cozinha para buscar na geladeira um lanche e um suco de uva.

Clara desceu as escadas, com um laptop nas mãos. Frequentemente trazia serviço do escritório para concluir em casa. Ela estava feliz de ver os meninos corados e cheios de vida.

— E aí, qual foi a novidade do dia?

— Eu conheci a obra de Monteiro Lobato e trouxe uma história da Emília para ler — respondeu João.

— Eu vim de mãos abanando — anunciou Antonio, com um olhar divertido, sabendo que a informação incomodaria a mãe.

Clara não se deu por achada.

— A professora deixou você sair de férias sem nenhuma lição? Antonio, meu filho, eu estou falando com você!

Ele já havia ligado a TV, deixando-se hipnotizar pelas imagens que ganhavam cor à sua frente.

— Ahã!?

— Se você veio sem nada, eu me encarrego de passar uma tarefa. Talvez um ditado, o que acha?

— Eu estava brincando. Trouxe exercícios para treinar o "j" e o "g" das palavras.

Clara prosseguiu com a sessão de tortura psicológica.

— Ainda bem! Eu me lembro da última vez que você se atreveu a escrever "girafa" com "j". Sem contar "açúcar" com dois "s"!

Antonio fez um muxoxo, o rosto adquiriu uma tonalidade púrpura.

— Foi um descuido. Minha última nota em Português foi dez.

— Dez com "s" ou com "z"? — cutucou o irmão, com a espuma de suco de uva sobrando nos lábios.

Como que se comunicando por telepatia, os meninos se calaram sobre a Feira de Artes e Ciências. Se o segredo fosse revelado antes da hora não haveria praia no dia seguinte. Clara era adepta do ditado "não deixe para amanhã o que se pode fazer hoje".

ZERO VEZES ZERO

Não contar para a mãe que teriam de reservar uns dias para o trabalho extracurricular não era propriamente uma mentira. Vamos considerar que fosse uma omissão. Uma pequena omissão!

Eles não faziam a menor ideia do que apresentariam na feira — sim, João e Antonio formariam uma dupla! Não bastasse, a chance de serem premiados pela comissão formada por professores da escola era praticamente zero! Zero multiplicado por zero! Zeríssimo!

Invariavelmente, o pessoal do Ensino Médio arrebatava o prêmio.

Sobre as almofadas do sofá, os garotos estavam de olho nas aventuras da Capitã Natureza, a super heroína que travava uma luta diária contra os inimigos do meio ambiente, a personagem predileta da dupla em férias! Na verdade, seus pensamentos estavam voltados para o dia seguinte. Um dia de praia!

CADÊ O PROTETOR SOLAR?

Os garotos pularam da cama ainda sonolentos. Um arzinho gelado balançava a cortina do quarto. Antonio abriu a janela com um ar de censura.

— Você me enganou!

O sol, atrás de um cumulonimbus, deu um sorriso amarelo, envergonhado por descumprir a promessa.

Clara veio da cozinha com ovos mexidos. Depois de servi-los, anunciou:

— O tempo está esfriando. Vocês estão certos de que querem ir à praia? Podemos voltar ao nosso quebra-cabeça de 200 peças ou assistir a um filme...

Os semblantes de João e de Antonio fizeram com que ela abandonasse a sugestão.

Tradição é tradição! Era o primeiro dia de férias e aquilo significava praia.

A rotina não mudaria apenas porque principiava a soprar um vento gelado! Brrrrrrrrrrr!

— Muito bem! — concordou Clara, servindo agora pães de queijo quentinhos. — Vamos tomar o café para começarmos a arrumar nossas tralhas.

Logo ela estava organizando o que a família levaria no passeio.

— Vocês pegaram a bola, o balde, a pazinha de areia... e os bonés? Passaram o protetor solar? — Mesmo em dia de pouco sol, era importante o cuidado com os raios solares. — Vestiram a sunga?

João fez um sinal de que tudo estava em ordem.

Ao menos estaremos livres do engarrafamento! — suspirou Clara.

Engarrafamento!

Antonio, que andava às turras com as lições de Português, imaginou como as palavras podem ganhar significados mágicos.

Vejam vocês! Engarrafar significa colocar algo dentro de uma garrafa. Então, ele fantasiou uma fila de carros que seguiam para a praia sendo engolidos por uma gigantesca garrafa de vidro, com tons de uma enorme bolha de sabão. Mas como bem dissera Clara, desta vez a estrada estaria livre.

O frio espanta os turistas de final de semana!

COMO AS PRAIAS ERAM LIMPAS!

Clara lembrou com saudade das praias limpas do seu tempo de menina. Hoje, mesmo morando numa região litorânea, era obrigada a seguir para mais longe em busca de praias apropriadas para banho. As mais próximas estavam interditadas, devido à quantidade de coliformes fecais.

— O que é isso? — perguntou Antonio certo dia.

— Bactérias que vivem no intestino dos homens e de animais de sangue quente. — esclareceu Clara. — Elas seguem para o mar nas fezes despejadas pelo esgoto que não recebe tratamento. Sua presença indica organismos nocivos à saúde.

Normalmente, durante as férias escolares, as praias eram tomadas por gente vinda de todos os cantos.

"Olha o milho verde!"; "Olha o queijo coalho", "Olha o sorvete"; "Quem quer pastelzinho de carne?", era o que mais se ouvia.

Os banhistas lutavam para ir de um ponto a outro, ziguezagueando por cadeiras, toalhas, chapéus e sacolas: "O lugar está ocupado?", "Posso abrir meu guarda-sol aqui?".

Portanto, a sensação de estarem sozinhos entre o céu e o mar os divertia. O silêncio era absoluto... ou quase absoluto, pois sobravam as ondas do mar quebrando na areia.

Estacionaram o carro ao lado de uma moita de capim e fizeram o restante do caminho a pé. Eles adoravam aquela praia, que se conservava fora da área turística mais badalada. A faixa de areia era curta, o que desautorizava peladas, jogos de vôlei e frescobol.

Naquele dia especialmente, o lugar estava deserto.

Clara estendeu a esteira no chão e fez um rolo com sua toalha para ajeitar o pescoço. Abriu seu livro predileto.

— Meninos, não saiam para longe!

A recomendação era desnecessária. Os dois garotos não eram marinheiros de primeira viagem e sabiam muito bem que todo cuidado é pouco com o mar.

BURACO PARA O JAPÃO

O local predileto dos irmãos era a ponta da praia, próximo às rochas, onde colecionavam conchas iridescentes trazidas pela água.

Uma caça ao tesouro!

Durante o ano inteiro, João e Antonio sonharam com o mar. Eles enfrentaram tabuadas, palavras com "ç" ou "ss", história do Brasil, flauta nas aulas de música... ufa!

— Vamos fazer um buraco na areia, Antonio?

A dupla atirou-se à tarefa, e Antonio era o mais entusiasmado.

— Vamos até o Japão!

Clara, a certa distância, estava atenta:

— Tragam um sushi pra mim!

O vento soprava cada vez mais forte.

O buraco — acreditem! — ficava cada vez mais fundo, e João já colocava metade do tronco no interior do poço para retirar mais e mais areia. A maré estava ganhando terreno, palmo a palmo. Até o instante em que uma onda deu o ar da graça: vushush!

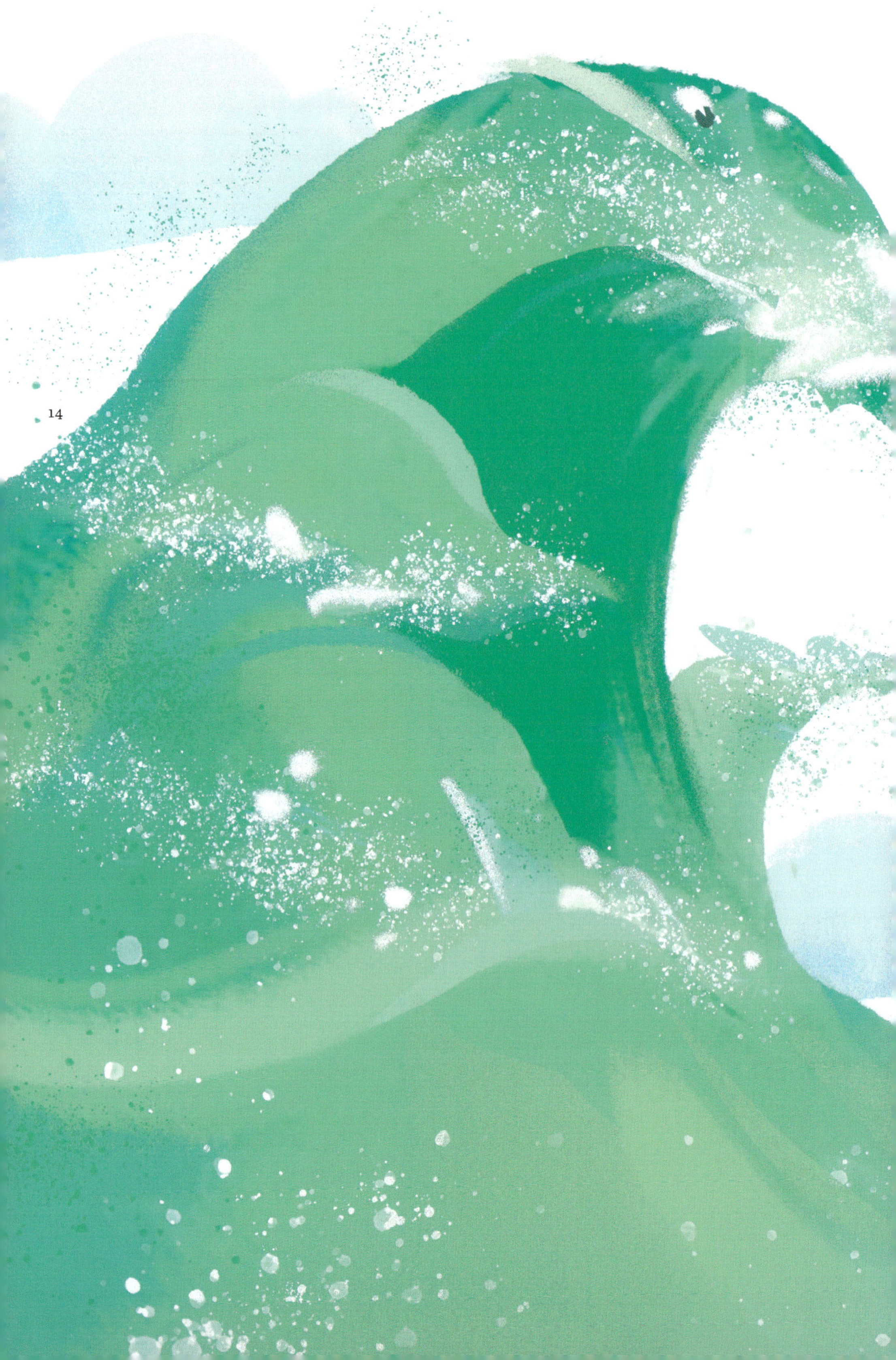

BANHO DE ESPUMA

Os meninos levantaram-se lambidos pela espuma. Antonio reclamou, enquanto limpava os olhos com a bainha da camiseta.

Uma onda gigantesca se ergueu, e os dois recuaram alguns passos. Mas ao invés de quebrar na areia, ela se cristalizou no ar como uma criatura ameaçadora.

Antonio segurou o braço do irmão.

— O q-que é isso?

Uma mistura de estalidos, redemoinhos e bolhas vindos daquela coisa pareciam dizer algo.

— Eu ssssou o Marrrrr.

— O-Omar? — gaguejou Antonio, ainda atônito — Eu tenho um amigo Omar, seu xará.

— Meu caro! Você acha que estou aqui para ouvir seu trocadilho?

Antonio sentiu um arrepio na espinha.

— Desculpe-me... foi um mal entendido. O que o senhor quer da gente?

— Os habitantes dos meus domínios gostariam de ter uma conversinha com vocês.

— Nós agradecemos o convite — disse João —, mas acabamos de fazer um lanche. Nossa mãe sempre diz que é perigoso entrar na água com o estômago cheio.

— Não é um convite. Vocês vão me acompanhar, por bem ou por mal.

— Mas eu sequer sei nadar! — lamuriou Antonio — Sou capaz de afundar até na banheira de casa.

— Quem diz que vocês vão pôr os pés na água?

— Como vamos numa viagem marítima se não vamos nos molhar? — reagiu João.

O mar riu, sibilando:

— Não me faltam meios de levá-los sem que molhem os pés. Sobram-me navios, embarcações *vikings* e até submarinos em minhas profundezas. Portanto...

A ILHA ESQUISITA

Um barco surgiu diante deles, as velas esfarrapadas e mastros decorados com algas. Parecia saído de um filme sobre bucaneiros no Caribe.

— Entrem — ordenou o mar, que levantou uma cortina verde-esmeralda diante dos olhos dos meninos.

— Não estamos com coletes salva-vidas — tentou argumentar o menorzinho.

— Entrem agora — rugiu o mar, soltando rendas brancas de espuma para demonstrar sua ira.

Subjugados pela ordem, os meninos subiram ao convés e partiram numa viagem fantástica, o navio flutuando sobre bolhas furiosas. Os dois passageiros eram escoltados por golfinhos, espadartes e peixes voadores.

A cabeça de João fervilhava e suas pernas fraquejavam. Ele andou cambaleando até a roda do leme, tentando virá-la para retornar ao ponto de partida. Mas o objeto parecia ter vida própria, logo ele percebeu que seus esforços seriam inúteis. O barco era um amontoado de tábuas e pregos enferrujados sulcando águas furiosas.

Vencendo a ventania, um albatroz pousou na amurada da nave, estalando o bico. Talvez quisesse se certificar de que os meninos seguiam ao encontro do destino misterioso. Tanto que, depois de deitar os olhos sobre eles, bateu as asas e desapareceu.

Instantes depois uma ilha apareceu do nada.

Os pequeninos marujos perceberam que estavam diante de uma ilha na qual nenhum pirata enterraria um baú de ouro. Sim, pois faltava a ela o essencial: areia, terra, vegetação e rochas! Assim também era inútil procurar por ali coqueiros ou pés de banana — Antonio adorava a fruta!

O sol deixou escapar um bocejo e começou a desaparecer no horizonte. Mas havia luz suficiente para os irmãos perceberem que estavam pisando em um montão de descartes plásticos!

Lixo!

20

21

SUA EXCELÊNCIA, O POLVO

Logo a dupla estava cercada por centenas de olhares sombrios.

Um pinguim se adiantou, anunciando o motivo do sequestro:

Em nome dos habitantes dos 7 mares e de outros mais, comunico que os senhores serão julgados pelo crime de emporcalharem nosso lar ao longo dos anos, desde a invenção do plástico.

— Finalmente! — comemorou uma ostra, a exibir uma bolinha de bijuteria no interior da concha (o natural, caros leitores, seria uma simples pérola).

Um caranguejo, ainda lutando para se desvencilhar de uma linha de pesca que embaraçava seus movimentos, resmungava:

— Vejam, mal posso controlar minhas pinças.

João abraçou o irmãozinho, para protegê-lo, sentindo que uma grande confusão os esperava.

— Vocês serão levados à presença do nosso juiz supremo, Sua Excelência, o Polvo — prosseguiu o pinguim.

O que havia feito para tanto? — Antonio estava inconsolável. — Só por trocar o "j" por "g"?

EMPORCALHADORES

O polvo era uma figura imponente, os oitos braços gesticulando acima da cabeça.

— Seres das águas oceânicas, representantes da fauna e flora marinhas, eu declaro instalada a sessão para decidirmos o destino dos humanos à nossa frente.

— Vamos encerrá-los no calabouço de um navio fantasma — barbataneou um peixe-palhaço.[1]

João mostrou-se indignado:

— Afinal, do que somos acusados?

— Vocês não sabem? Ah, ah, ah! Do emporcalhamento dos mares por décadas.

— Isto não é possível! — prosseguiu o menino. — Eu sou o mais velho e ainda não fiz oito. Como poderia empor-

---

1   Querido leitor, desconfiamos que o verbo "barbatanear" foi inventado pela autora, a partir (provavelmente) da palavra barbatana, este apêndice usado pelos peixes para se deslocar na água.

calhar o mar por décadas?

Ele aprendera na escola que uma década corresponde ao período de dez anos.

— Queremos um advogado — reagiu Antonio, corajosamente.

As sardinhas, nomeadas como juradas, gargalharam:

— Ninguém aqui vai querer defendê-los. Vocês vivem enchendo as praias do planeta de porcarias!

— Não é verdade! — reagiu João — Vocês nos confundem com outros humanos. Eu e Antonio sempre cuidamos da praia. Foi assim que a nossa mãe nos ensinou.

— Duvi-do-dô! Vocês, humanos, são todos iguais, como gotas no oceano! Bons emporcalhadores[2], isto sim, e ponto final!

— As senhoras estão redondamente enganadas!

---

2 *O mesmo vale para "emporcalhador": procuramos nos dicionários e nada encontramos a respeito. Mas achamos "emporcalhar", que significa fazer com que fique sujo; causar uma sujeira que se assemelha a de um porco; imundar-se. Logo, esta palavra que acabou de ser inventada deve se referir a quem provoca muita sujeira.*

Cada um de nós é de um jeito! Não podem nos culpar pelos atos de outros.

— Ah!, vocês saberiam distinguir uma sardinha de outra? Somos todas iguais ou cada uma de nós é de um jeito?

Uma plateia formada por corais e anêmonas aplaudiu as sardinhas, que agora se perfilavam diante dos meninos.

— Meu nome é Suzi — disse uma — tomando a iniciativa.

— O meu é Anita — disse outra.

E assim foi, na sequência: Rose, Diná, Ivo, Nádia, Hugo e Aristides. Dito isto, elas resolveram se embaralhar, numa dança frenética.

SILÊNCIO!

— Pronto! Agora diga quem é quem — exigiram as escamosas.

João tropeçou nas palavras.

— V-v-você é a S-Suzi.

— Errou, meu caro. Eu sou Hugo.

— V-vo-cê é a Rose.

— Valeu sua tentativa, mas eu sou a Nádia.

Depois de uns e outros palpites, os garotos entregaram os pontos.

— Desistimos. Não sabemos quem é quem nessa bagunça.

— Muito bem — concluiu o polvo — Que fique registrado: os humanos não sabem distinguir uma sardinha da outra. Logo, não somos obrigados a diferenciar um humano de outro. Vamos prosseguir o julgamento!

Seguiu-se novo burburinho (melhor seria dizer borbulhinhas), na medida em que o vozerio da plateia virava automaticamente pequenas borbulhas.

— O mar está deixando de ser um ambiente seguro! — sorriu o tubarão, de modo maroto.

— Silêncio! — reagiu o polvo, arremetendo seu martelo de juiz sobre a concha de um caranguejo ermitão, que acordou assustado.

PEIXINHO DE BORRACHA

O atum vociferou:

— Os dois gostariam que entulhássemos seus quartos, salas, banheiros e quintais com escamas, cascas de camarão e cocô de baleia?

— Nãããão!!! — admitiu João. — Tudo ficaria muito fedorento.

O depoimento da baleia foi avassalador:

— Depois de ingerir resíduos plásticos misturados ao krill, perdi o apetite e emagreci quase uma tonelada.

Uma tonelada? As palavras da grandalhona provocaram calafrios. Mil quilos!

O golfinho ergueu o focinho:

— Como sabem, eu subo à tona para respirar. Outro dia, acabei em uma rede de pesca e por pouco não estou aqui para contar a história!

João observou que um peixinho palhaço estava mudo desde o início do debate, sem uma única acusação contra os réus.

Pudera!

Quando finalmente se mexeu, viu-se que ele era de borracha, um brinquedo que um dia nadara na banheira de alguma criança!

À ESPERA DE UM MILAGRE

Peixes abissais chegavam à superfície, com as luzes criadas pela bioluminescência. Eles ficariam por ali até que a Lua resolvesse aparecer.

João estava torcendo para que um tsunami varresse o tribunal e levasse ele e o mano de volta à praia. Ou quem sabe um navio fantasma aparecesse. Ele aceitaria a carona sem titubear; a companhia de tripulantes esqueletos, nestas alturas, seria menos assustadora.

— Justiça! — clamavam os mariscos, que haviam deixado os rochedos para uma rápida aparição no evento.

— Senhores e senhoras — tornou a pedir o polvo, façam silêncio!

VIVA AOS PIRATAS

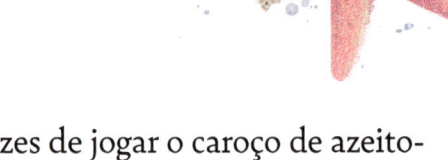

— Nós somos incapazes de jogar o caroço de azeitona da empadinha na areia — insistiu João.

— Empadinha de camarão, aposto! — rugiu um sete-barbas, enfurecido.

— Sequer gostamos de nos vestir como piratas no Carnaval — aduziu Antonio.

Uma estrela do mar ergueu os braços, todos os cinco:

— Não temos nada contra piratas. Pelo contrário: um viva aos piratas!

— Vivaaaa! — gritaram em coro as enguias.

— Um viva para o maior pirata de todos os tempos, o Capitão Barba Negra!

— Vivaaaa!

João estava confuso.

— Vocês estão saudando piratas? Eles não enchiam os mares de lixo? Balas de canhão, espadas e penas de papagaio?

— As balas de canhão não nos incomodam... desde que não caiam sobre os nossos cocurutos, claro! No mais, chapéus, espadas, bandeiras, mastros e âncoras, as pernas de pau e os olhos de vidro dos piratas ou são biodegradáveis, ou acabam virando curiosidade no leito do oceano.

— Eu levo meus filhotes para passearem no interior dos barcos naufragados — lembrou a arraia. — Eles se divertem entre os destroços.

— Os barcos afundados também servem como proteção para os seres pequeninos — lembrou um pepino do mar.

— O julgamento está encerrado! — zuniu o polvo. — Os réus, como exemplares da espécie humana, são responsáveis pela poluição marinha. Portanto esta corte os declara culpados. Agora vamos pensar em um castigo exemplar para os dois.

— Que tal fazê-los caminhar pela prancha? — sugeriu aquele mesmo tubarão, antevendo um bom repasto.

João ergueu a voz no meio da cacofonia.

— Os condenados têm o direito a uma última palavra, certo?

O polvo coçou a cabeça com um dos tentáculos.

— Pois, bem — prosseguiu o menino, sem esperar a resposta. — Vocês nos deram hoje uma bela lição! É inegável que cada ser humano, de um modo ou de outro, tem uma parcela de culpa na poluição do ambiente. Mas...

DE VOLTA À PRAIA

O mar, depois de ouvir atentamente o garoto, anunciou que queria dar uma palavrinha, expulsando os perdigotos de sempre. A conversa era difícil para os pequenos: um misto de estrondos, assovios e bramidos. Mas o sentido era compreensível.

— Eu conheço os pequerruchos desde que pegavam jacaré nas minhas costas e erguiam castelos de areia. Nunca os vi jogando coisas na praia.

O polvo franziu os olhos.

— Muito me admira, depois de tudo! O senhor é o principal prejudicado nesta história... por acaso virou a casaca?

— Claro que não! — retrucou embravecido o Mar. — Mas a punição destes dois nada nos trará de positivo, os humanos são bilhões! Mas talvez eles possam ajudar a nossa causa.

— O que sugere? — perguntou o cavalo-marinho, peixe que de cavalo só tem o nome.

O Mar completou seu pensamento, e a plateia começou a dispersar-se. Então uma onda gigantesca (para surfista nenhum botar defeito) tomou forma sob a luz do luar.

João e Antonio fecharam os olhos: seria a hora do castigo?   Quando deram por si estavam de volta à areia branca de onde haviam saído.

Antonio cuspiu um corrupto da boca — o crustáceo cavador, é claro! — e João retirou uma gosma viscosa dos cabelos. O que seria isso!?

Os irmãos correram para Clara e a abraçaram até quase a sufocarem.

— Mãe, o mar nos carregou para uma ilha sem coqueiros, sem terra, nem nada... Escureceu, e os peixes abissais vieram para iluminar o local do nosso julgamento... O polvo era o juiz, e por pouco não fomos para a prancha de um barco pirata! Mas temos muito mais para contar...

— Calma, meninos, vocês devem ter sonhado...

— Não sonhamos, não! Veja com seus olhos.

A areia estava recoberta de copos descartáveis, canudos de refrigerante, tampinhas de garrafas de água, pentes, pulseiras de relógio, hastes de óculos de sol e sandálias de dedo... Uma amostra do material que circundava a ilha de plástico viera parar ali.

— Que caca!

Um albatroz sobrevoava a praia.

— Veja Antonio, é o mesmo albatroz que pousou na amurada do barco!

Clara se deixou levar pelos filhos, subindo as pedras da costeira. Do alto era possível perceber as letras formadas pelo entulho indesejável: um "S", um "O" e outro "S".

SOS! Um indiscutível pedido de socorro!

As evidências estavam ali, e ela finalmente estava convencida pela história fantástica. Sobretudo porque seria incomum que duas crianças adormecessem ao mesmo tempo e sonhassem o mesmo sonho.

— Vamos limpar a praia. Ainda temos tempo antes do anoitecer. Depois jogamos esta sujeira nas lixeiras.

— Nããão! — gritaram os filhos. — Nós vamos dar um destino melhor para isso tudo!

— Então, mãos à obra!

A ESCOLA DO FUTURO

A Feira de Artes e Ciências do Colégio Futuro era uma oportunidade rara para alunos e alunas mostrarem as habilidades nos diversos campos de estudo.

Em anos anteriores, os vencedores foram um carrinho feito de material 100% reciclável, um foguete que prometia voar um quilômetro e um robô que só faltava falar.

Quem poderia superar tamanha criatividade?

Mas neste ano, o trabalho vencedor seria...

A "Ilha de Plástico", uma ilha (se assim se pode dizer) totalmente formada por resíduos plásticos! Uma instalação artística sobre canudinhos e sacos de supermercado que exalavam um inacreditável odor de maresia.

Aquilo ocupara uma sala inteira da escola, as paredes pintadas de azul para lembrar o oceano, o entorno cercado por um cardume de latas de sardinhas, dignas representantes da fauna marinha.

— Extremamente realista! — aplaudiram o público, professores, professoras, pais e mães de alunos.

— Comovente!

— Atualíssimo.

Antonio e João receberam um 10 cada um pelo evento artístico.

— De onde veio tanta inspiração? — perguntou-lhes a diretora.

— A senhora não acreditaria se contássemos — responderam os irmãos, trocando um sorriso de cumplicidade.

40

SOBRE A AUTORA

Regiane Alves é atriz. Na TV brasileira interpretou a vilã Dóris, em "Mulheres Apaixonadas", Clara, em "Laços de Família", e, no cinema, Joana de Angelis, entre outros papéis de sucesso. Agora, ela estreia na literatura infantil com **"Uma ilha fora do mapa"**, contando a história de duas crianças que vivem uma aventura ecológica repleta de emoções. O livro é um legado para João e Antonio, seus filhos adoráveis, que, em companhia da mãe, adoram ler, jogar bola e, sobretudo, cuidar da natureza.

SOS

ilhas de plástico existem!

A vida moderna é rodeada de plásticos. Eles estão presentes em vários produtos que marcam a nossa sociedade: computadores, celulares e televisores, sem contar uma infinidade de produtos descartáveis como talheres, pratos, garrafas, embalagens, cotonetes, boias, cordas e redes de pesca. Os sacos plásticos ou sacolas plásticas estão por aí exibindo mensagens e as logomarcas de lojas e supermercados. Algumas pessoas reduziram o seu consumo, utilizando sacolas retornáveis. Todavia, toneladas de plástico continuam a ser despejadas nos oceanos, de modo ininterrupto. Os resíduos levados nas correntes marinhas acabam permitindo o nascimento das tenebrosas ilhas de material plástico, que já se espalham pelos cinco continentes. Reduzir o consumo desses materiais é importante, e sempre podemos fazer mais, não acham?

© DISRUPTalks / Editora Reflexão / 2021

Todos os direitos reservados. Nenhuma parte desta obra pode ser reproduzida ou transmitida por quaisquer meios (eletrônico ou mecânico, incluindo fotocópia e gravação) ou arquivada em qualquer sistema ou banco de dados sem permissão por escrito da Editora Reflexão.

Publisher: Caroline Dias de Freitas
Coordenação editorial: Milton C. O. Filho
Preparação e revisão: Theo de Oliveira
Ilustrações, capa e projeto gráfico: Olavo Costa

Texto conforme Novo Acordo Ortográfico da Língua Portuguesa.

DADOS INTERNACIONAIS DE CATALOGAÇÃO NA PUBLICAÇÃO (CIP) (Câmara Brasileira do Livro, SP, Brasil)
___

Alves, Regiane
Uma ilha fora do mapa / Regiane Alves; ilustração: Olavo Costa.
1. ed. – São Paulo: Editora Reflexão, 2021.

ISBN 978-65-5619-072-3

1. Natureza - Literatura infantojuvenil I. Costa, Olavo. II. Título.

21-74713   CDD-028.5
___

Índices para Catálogo sistemático:
1. Literatura infantojuvenil 028.5
Aline Graziele Benitez – Bibliotecária – CRB-1/3129

Editora Reflexão Livraria & Editora Ltda.
Rua Salvador Mastropietro, nº 239, Vila Prudente
CEP 03.156-240 - São Paulo, SP, Brasil.
11 9 3933-6461 | 11 2918-7040
www.disruptalks.com.br
contato@disruptalks.com.br

Este livro foi composto em Bely e Bely Display, e impresso em papel couché fosco 150g/m² pela gráfica Forma Certa, em agosto de 2021 para o selo DISRUPTalks, da editora Reflexão.